RÉFLEXIONS

SUR LE

TOURNIS DES JEUNES AGNEAUX

ET SUR

LES REMÈDES A Y APPORTER

PAR

M. OFFROY AINÉ

Propriétaire-Agriculteur et Aviculteur,
Membre de la Société d'agriculture de Meaux,
Membre de la Société d'archéologie de Seine-et-Marne
(section de Meaux).

SE TROUVE

chez l'auteur et chez les principaux libraires.

MEAUX

IMPRIMERIE DESTOUCHES, RUE DE LA JUIVERIE, 1

—

1880

RÉFLEXIONS

SUR LE

TOURNIS DES JEUNES AGNEAUX

ET SUR

LES REMÈDES A Y APPORTER

PAR

M. OFFROY AINÉ

Propriétaire-Agriculteur et Aviculteur,
Membre de la Société d'agriculture de Meaux,
Membre de la Société d'archéologie de Seine-et-Marne
(section de Meaux).

SE TROUVE

chez l'auteur et chez les principaux libraires.

MEAUX

IMPRIMERIE DESTOUCHES, RUE DE LA JUIVERIE, 1

—

1880

Chaque animal a son mal distinct,
Chaque mal a son remède particulier,
Chaque homme a son instinct,
Et chaque métier son conseiller.

La Ferté-sous-Jouarre, 15 septembre 1880.

PRÉFACE

Examiner la nature et l'étudier dans ses moindres attraits, n'est-ce pas remplir un des plus grands devoirs que le créateur a imposés à l'homme ?

Si vaste que soit l'univers, si nombreux et si variés que fussent à l'infini les innombrables êtres animés qui le peuplent, il a été facile à nos premiers pères d'approfondir, dès une époque déjà bien éloignée de nous, beaucoup de choses, qui aujourd'hui même nous semblent presque une nouveauté : cela nous prouve une fois de plus qu'il existe trop souvent dans les diverses générations qui peuplent la terre des moments où l'intelligence semble s'endormir d'une façon assez singulière et aller même jusqu'à passer en oubli les choses même les plus recommandables et les plus utiles.

Jetons, par exemple, un coup d'œil sur les ruines de Pompéi, sur cette ville, qu'une éruption du Vésuve engloutit dans l'état actuel de l'époque, et nous conserva jusqu'aujourd'hui le tableau vivant de la civilisation telle qu'elle existait il y a dix-huit cents ans en Italie, n'y voit-on pas les usages de la vie représentés avec autant de commodités qu'ils le sont aujourd'hui même? n'y voit-on pas même aussi certaines choses, notamment en matière de beaux-arts, qui feraient presque pâlir ceux en usage aujourd'hui?

Pourquoi ce sommeil, depuis dix-huit cents ans? parce que, malheureusement, il en est ainsi des choses de la terre : souvent à une époque de progrès succède presque généralement une époque d'abrutissement et d'insomnie intellectuelle. Aux personnes intelligentes de la réveiller et de lui faire poursuivre une marche ascendante.

RÉFLEXIONS

SUR LE TOURNIS DES JEUNES AGNEAUX

ET SUR LES REMÈDES A Y APPORTER

Chaque cultivateur n'est pas sans connaître ce singulier genre de maladie dont sont quelquefois frappés les jeunes agneaux, et qui trop souvent hélas! s'attaque à un troupeau d'une façon cruelle.

C'est à n'y rien comprendre : un jeune mouton, beau et vermeil la veille, est pris tout d'un coup comme d'une sorte de vertige, va chancelant, penchant la tête tout singulièrement de côté et en quelques jours ; quelquefois le troupeau le plus beau se trouve décimé d'une manière affreuse ; sans que jusqu'ici personne ne soit parvenu à trouver le moyen de supprimer ce fléau si atroce.

Réfléchissons un peu à ce genre de maladie, et essayons un peu s'il n'y aurait pas quelque remède efficace à y apporter.

La nature a partout placé le remède à côté du mal ; et je douterais bien qu'il n'en fût pas ainsi pour ce genre de maladie, comme pour tant d'autres.

Les signes extérieurs distinctifs de la maladie en question indiquent clairement que c'est dans la tête seule de l'animal qu'est le siège de ce fléau, il n'y a pas à s'y tromper.

Plusieurs cultivateurs, experts en leur métier, ont objecté que cet état de choses était provoqué tout bonnement par l'invasion subite, dans le cerveau du jeune animal, d'une bulle d'eau et que c'était tout simplement par cette cause qu'il était amené. De là rien du tout à y faire que de laisser les choses s'accomplir tout comme par le passé, et tout bonnement tuer l'agneau une fois attaqué et le manger, puis donner les restes aux chiens. — Grave erreur ! je pense.

Sans vouloir me faire passer pour quelqu'un de beaucoup plus expérimenté que les personnes qui tiennent ce langage, je crois oser affirmer que les diverses phases si subites et si régulières de ce genre de maladie ne me permettent pas d'ajouter foi à ce raisonnement.

La manière si subite et si prompte dont la maladie se déclare et progresse me force de diriger mes vues ailleurs, en fait de recherches sur les causes de cette maladie.

Le ténia est suivant moi le seul motif de tant de ravages ; la nature intime de ses manières de vivre et de se reproduire si prompte et si terrible concorde d'une façon parfaite avec les divers degrés de communication de la maladie d'un sujet chez un autre.

Or, examinons ensemble cette affreuse bête que l'on pourrait bien à bon droit appeler l'hydre de Lerne, dont la mythologie nous fait un récit si effrayant :

On donne le nom de ténias ou vers enrubannés à des parasites intestinaux dont le corps, composé d'un plus ou moins grand nombre d'articles, a la forme d'un long ruban aplati. La tête ou partie antérieure est petite et munie de quatre suçoirs avec une couronne formée de crochets pointus. A une certaine époque du développement du ténia, les nombreux articles dont se compose le corps du ver se remplissent d'œufs très-nombreux, petits et protégés par une coque cornée, qualités qui permettent à ces œufs de conserver facilement leur vitalité dans les diverses circonstances au milieu desquelles le hasard les expose. Les anneaux mûrs se détachent isolément ou par chaînes entières et sont expulsés du corps de l'animal qui en était infesté avec ses excréments, et c'est ainsi que se sèment par milliers les germes de ténia.

Une grande partie de ces germes périt ; mais lorsque les circonstances prévues par la nature ont porté l'œuf dans le corps de quelque animal, il éclot ; et il en sort une espèce de larve sans sexe, pourvue de trois paires de crochets, au moyen desquels elle pénètre dans la profondeur des tissus en les perforant, et choisit un endroit favorable à son développement. Dès qu'elle a trouvé son refuge soit dans les muscles, soit dans la cavité péritonéale, ou dans les membranes, elle s'enkyste dans les tissus du sujet infesté, comme une larve l'est dans la capsule ou cocon où elle va passer son état de chrysalide. Dans cet état, son volume s'accroît, la partie postérieure de son corps grossit de plus en plus, et elle prend la forme d'une vésicule remplie de sérosité dans laquelle le ver se trouve enfermé ; c'est alors une hydatide que, jusque dans ces derniers temps, on a considérée comme formant une famille à part, et que l'on a décrite sous le nom de cysticerque.

Sous cet état la larve peut produire par gemmation de

nouveaux individus, enfermés dans la même vésicule ; ce sont les hydatides à plusieurs têtes ou cœnures. Les larves ou ténias embryonnaires ne deviennent des ténias véritables, qu'en passant dans le tube digestif des animaux auxquels leurs premiers hôtes servent de nourriture. C'est ainsi que le cysticerque du lapin et le cœnure du mouton deviennent ténias du chien ; que le cysticerque du porc devient ténia chez l'homme.

A la suite de sa migration, et dans son nouveau milieu, le ver vésiculeux se développe rapidement ; son kyste se dissout, la vésicule tombe flétrie, le ver se dégaîne, et sa tête se montre avec sa couronne et ses ventouses pour adhérer aux parois intestinales. Il acquiert des articulations successives, qui sont comme autant d'individus dont chacun est chargé de la seule fonction de reproduction. — C'est le ténia avec sa tête et ses nombreux anneaux attachés les uns aux autres. A l'époque de la maturité, ces articulations, connues sous le nom de cucurbitains, à cause de leur ressemblance avec la graine des plantes des cucurbitacées, que les anciens regardaient comme autant de vers distincts, se détachent ; chacune d'elles demeure à l'état vésiculaire, et ne prend pas la forme rubanaire ; elles n'engendrent pas dans l'animal qui les loge.

C'est ainsi que la ladrerie peut se développer chez l'homme, et il y a lieu de supposer que Moïse, en défendant l'usage du porc aux Hébreux, connaissait le mode d'intromission du ténia chez l'homme.

Outre les expériences nombreuses qui ne laissent aucun doute à l'égard de cette transformation du cysticerque du porc en ténia chez l'homme, plusieurs faits viennent à l'appui.

On a remarqué que le ténia est d'autant plus répandu que les habitants mangent plus fréquemment la chair du porc, surtout quand ils la mangent crue.

Les musulmans, qui ont la chair du porc en horreur, n'ont jamais le ténia. — La rapidité de la croissance des ténias est très-grande ; une fois qu'ils ont gagné le milieu dans lequel ils doivent se développer, c'est-à-dire la cavité digestive de certains animaux, il ne leur faut que deux ou trois mois pour devenir complètement adultes et avoir audelà de trois mètres de longueur. En France, on appelle habituellement les ténias solium, ver solitaires, ce qui ferait supposer qu'on n'en trouve qu'un à la fois dans le tube digestif. C'est là une erreur ; les ténias solium habitent souvent en nombre multiple le canal intestinal de l'homme, et l'on a vu des personnes rendre à la fois plusieurs têtes.

L'opinion que la tête du ténia peut donner naissance à un nouveau ver est, au contraire, parfaitement avérée.

On se délivre du ténia au moyen de la racine de grenadier et mieux encore de cousso d'Abyssinie ; ce dernier est un remède infaillible.

Ce sont les fleurs que l'on emploie desséchées ; on en prend 15 grammes en poudre ; l'on fait macérer dans un demi-litre d'eau froide et on avale d'un trait.

Les animaux carnassiers acquièrent des ténias en mangeant la chair des animaux herbivores chez lesquels ces vers sont à l'état de larves ; mais les herbivores ne peuvent acquérir celles-ci que par les végétaux et l'eau. Le ténia *Serrata*, très-voisin du *solium*, se développe chez le chien et provient du cysticerque du lapin, qui détermine chez cet animal une maladie connue sous le nom de boule ou hydropisie.

Le ténia cœnure vit à l'état de larve hydatique dans les diverses parties du cerveau du mouton.

Ce parasite, tel qu'on le trouve dans le cerveau des moutons, consiste dans une vésicule qui devient quelquefois grande comme un œuf de poule et se remplit de cérosité. Sur les parois de cette vésicule on voit un grand nombre de corpuscules blancs de la grosseur d'une tête d'épingle, garnis d'une double couronne de crochets et de quatre ventouses qui l'entourent ; c'est le cœnure ou hydatide polycéphale. Ingérée par le chien, la vésicule se flétrit, les têtes se dégaînent et pénètrent dans l'intestin grêle aux parois duquel elles se fixent par leurs crochets, et au bout de quelque temps, chacune d'elles devient un ténia complet.

Voici comment ces vers se propagent dans la nature : il est reconnu que les moutons atteints du tournis doivent être abattus. Comme on sait que le mal réside dans la tête, on coupe celle-ci et on la jette aux chiens, tandis que le corps est envoyé à la boucherie. C'est ainsi que le chien est infesté. Quand les ténias se sont développés dans le corps du chien, celui-ci en évacue les articulations mûries et remplies d'œufs sur le passage même des moutons qu'il accompagne dans les pâturages. Ces œufs, infiniment petits, adhèrent aux herbes que broutent les brebis et pénètrent dans leur tube digestif, où ils éclosent et gagnent le cerveau. Dans certaines localités, cette triste maladie fait de grands ravages ; mais malheureusement beaucoup trop de cultivateurs ne s'en expliquent pas assez la cause. Le moyen d'en arrêter le mal est cependant très-simple ; qu'on brûle donc au feu, d'une manière complète, les têtes des moutons atteints, au lieu de les donner aux chiens.

Qu'on surveille donc aussi rigoureusement les chiens pour voir s'ils ont ou non des ténias, et qu'on rejette au loin de la portée des moutons ou des herbes dont ils se nourrissent les débris de ténias qu'on voit quelquefois rendre aux chiens et qui portent une infinité de semences de ténias ou cucurbitains, et on évitera bien sûr l'épizootie.

OFFROY Aîné.

MEAUX. — IMP. DESTOUCHES, RUE DE LA JUIVERIE, 1.

DU MÊME AUTEUR :

TARIF USUEL POUR LA CONVERSION DES MESURES
AGRAIRES.

RÉFLEXIONS SUR LA CRISE AGRICOLE ACTUELLE
ET SUR LES REMÈDES A EMPLOYER.

SOUS PRESSE

TARIF UNIVERSEL POUR LA CONVERSION DU SYSTÈME
MÉTRIQUE AVEC TOUTES LES MESURES EMPLOYÉES
DANS L'UNIVERS ENTIER.

POUR PARAITRE PROCHAINEMENT

MANUEL PRATIQUE D'ARPENTAGE OU L'ART DE
MESURER SOI - MÊME SA PROPRIÉTÉ OU SON
TRAVAIL.

Meaux. — Imp. Destouches.